中医药传统文化科普系列丛书

穿越古今的中医器具

北京御生堂中医药博物馆 组编 高栋 主编

首都师范大学出版社
CAPITAL NORMAL UNIVERSITY PRESS

图书在版编目（CIP）数据

穿越古今的中医器具 / 北京御生堂中医药博物馆组编；高栋主编 .—北京：首都师范大学出版社，2023.5

（中医药传统文化科普系列丛书）

ISBN 978-7-5656-7166-1

Ⅰ.①穿… Ⅱ.①北…②高… Ⅲ.①中医学－医疗器械－普及读物 Ⅳ.① TH789-49

中国国家版本馆 CIP 数据核字（2023）第 027647 号

CHUANYUEGUJIN DE ZHONGYI QIJU

穿越古今的中医器具

北京御生堂中医药博物馆　组编　高栋　主编

责任编辑　林　尧
策　　划　刘雅娜
绘　　图　陈　菲　韦艾玲
首都师范大学出版社出版发行
地　　址　北京西三环北路 105 号
邮　　编　100048
电　　话　68418523（总编室）　68982468（发行部）
网　　址　http://cnupn.cnu.edu.cn
印　　刷　天津雅泽印刷有限公司
经　　销　全国新华书店
版　　次　2023 年 5 月第 1 版
印　　次　2023 年 5 月第 1 次印刷
开　　本　787mm×1092mm　1/16
印　　张　5.5
字　　数　54 千
定　　价　23.80 元

前　言 /PERFACE

　　中华文化有五千年的历史，祖先给我们留下了灿若星辰的优秀文化遗产。党的十八大以来，国家高度重视弘扬中华优秀传统文化，先后出台了一系列相关文件。在 2017 年 1 月 25 日，中共中央办公厅、国务院办公厅印发的《关于实施中华优秀传统文化传承发展工程的意见》中指出："实施中华优秀传统文化传承发展工程，是建设社会主义文化强国的重大战略任务，对于传承中华文脉、全面提升人民群众文化素养、维护国家文化安全、增强国家文化软实力、推进国家治理体系和治理能力现代化，具有重要意义。"党的十九大报告明确指出："坚定文化自信，推动社会主义文化繁荣兴盛。"党的二十大报告明确强调："发展社会主义先进文化，弘扬革命文化，传承中华优秀传统文化"，"增强中华文明传播力影响力"，"推进文化自信自强，铸就社会主义文化新辉煌"。

　　中医药文化是中华优秀传统文化天然的组成部分，从伏羲制九针到神农尝百草，还有后人所著的《黄帝内经》，充分说

1

明中医药文化，起源于中华文化的人文始祖时期。在西方医学没有传入中国的几千年中，我们的祖先就是依靠中医药强身健体、治病救人，即便在现代医学发达的今天，中医药依然在中国社会中具有广泛的群众基础，甚至走向了世界。2016年2月，国务院印发的《中医药发展战略规划纲要（2016—2030年）》提出："将中医药基础知识纳入中小学传统文化、生理卫生课程"。2019年10月26日，中共中央、国务院发布的《关于促进中医药传承创新发展的意见》中明确要求："实施中医药文化传播行动，把中医药文化贯穿国民教育始终，中小学进一步丰富中医药文化教育，使中医药成为群众促进健康的文化自觉。"

为了积极响应弘扬优秀传统文化的出版主题，首都师范大学出版社联合北京御生堂中医药博物馆，共同策划编写了这套"中医药传统文化科普系列丛书"。

北京御生堂中医药博物馆是一个集中医老药铺历史文物、药械药具、医书医案和中药标本收集整理为一体的中医药博物馆，是目前北京规模较大、藏品最为丰富的中医药文化博物馆，被称为"中医药文化瑰宝"和"世界的中医药百科全书"，被国家中医药管理局授予"中医药文化宣传教育基地"称号。

北京御生堂中医药博物馆文物陈列分为七部分：清代老药铺、历代药王医圣造像、历代中医中药用具、古代中草药标本、古代中草药包装、历代医药书籍报刊、近代医方医案资料。在博物馆内，可以从上古时代的九针、砭石到宋代的黑釉大药缸，再到明清老药铺医方广告包装，感受中医的源远流长；从带有甲骨文的龙骨、汉简，给同治皇帝开的宫廷御方，到满墙的具有百年历史的老草药标本，体会这些绝世珍品显现的中医药与传统文化之间的紧密联系。其他诸如良渚文化时期的玉针、辽代用于包针筒的手帕、有着300年历史的灵芝、清代太医院按摩器、清代医用藏冰箱等，还有清代长沙老号"劳九芝堂"、有"江南药王"美誉的胡庆余堂、北京"同仁堂"的珍贵资料，以及民国时期京城"四大名医"之首施今墨等人使用过的医书、医案及清代、民国时期北京各老药铺的药目、传单和各种中医药用具……通过穿越古今的中医药器具触碰到神农、扁鹊、华佗、孙思邈、李时珍等历代杏林圣手生活的时代，一览源远流长的中华医药文化宝库的精华。

本丛书结合各方力量，编写前期充分调研，组织专家论证，广泛听取教育界、中医药界、文化界相关专家、学者意见，再基于北京御生堂中医药博物馆馆藏的实物和史料进行筛选、考证、梳理、加工，力求打造出一套既严谨又有趣、既系统又形象并且符合中医药文化走进校园基本要求和中小学教学实际需要的精品中医药文化课外读本。

本丛书有以下三个特点。一是定位准确。丛书内容定位于中医药文化，中医药文化不是医学专业知识，而是几千年来我们祖先围绕着中医药而产生的思想、风俗、传统，还有无数流传至今的故事、传说及文学作品，比如很多学生都知道"洛阳纸贵"这个成语，也有很多人知道成语中的主人翁是皇甫谧，但是很少有人知道皇甫谧是中医针灸学的开创者，在中医药的历史中占有重要的地位。二是体系完整、脉络清晰。中医药文化很抽象，包含着深刻的哲学思想，但是对于中小学读者来说，这些内容会略显枯燥且难以理解，更因为涉及的内容太过广泛，容易显得杂乱无章，无从下手。本丛书就从中医药器物、中医药人物和中医药材及治疗方法三方面着手，形成了《穿越古今的中医器具》《悬壶济世的杏林圣手》《源远流长的中药文化》三册图书，内容既涵盖了中医药文化的主要方面，又舍弃掉抽象深奥的哲学思想，同时三册图书各自又有着清晰的脉络，而且配有大量的实物照片和插图，图文并茂，阅读起来生动有趣。三是相关内容不仅有大量实物支持，而且每个知识点都包含了与之相关的故事、典故、成语或诗词。在阅读过程中读者经常会有醍醐灌顶、融会贯通的感觉，原来耳熟能详的某个成语或者故事与中医药文化有着千丝万缕的关系呀！

在本书的策划与编写过程中，得到了各位领导、学者们的大力支持，特此感谢。同时，感谢北京御生堂中医药博物馆提供的专业支持和藏品图片。我们秉持着严谨、敬畏的初心及质量至上的精品意识，但是仍难免有不足之处，敬请广大读者提出宝贵意见和建议，以便今后修订和提高。

目录 /CONTENTS

第一章

药用器物

了解中医药文化，最直观的方式就是看实物。影视作品中病人喝的汤药、现代生活中跌打损伤贴的膏药，还有止血的云南白药、口服的中成药等，都是我们中国人对中医药最直观、最具体的印象。中医药是祖先留给我们的珍贵遗产，作为一名中国人，我们有责任了解它、传承它、发扬它。中药起源于神农，最早的药材就来自于大自然中的植物。其实不光是中国，世界各地都有用植物治病的记载。即便是医学已经非常发达的今天，如果在野外受伤或中毒，人们利用当地有止血和解毒功能的植物，碾成糊状敷在患处治疗的方法也比比皆是，这也是膏药最初的形态。除了膏药之外，中药还有丸、散、丹和汤剂等形态，这些不同的形态是祖先根据不同的药材和药性，对应不同的病症不断实践总结出来的，是中医药文化最直观的成果。

　　制作一味中药，首先就是采集药材。药材采回来之后，需要经过特定的加工工艺才能制成中药，这种工艺叫作炮制（炮炙）。炮制有悠久的历史，对不同典籍中的炮制方法进行归类，大体可以分为修制、水制、火制、水火共制和其他制法这五大类。

　　修制，就是对药材进行修剪加工的制作方法。药材采集回来后先要修剪掉没用的部分，接着清洗掉泥沙、晾晒干净，然后切成段状或片状，或者制成粉末，以便进一步加工、使用。

　　水制就是用水或其他液体处理药材的制作方法。常用漂洗、浸泡、萃取等方法进行处理，目的是清洁、软化药材，以便调整药性。

　　火制是将药物经火加热处理的制作方法，主要用炒、炙、煅、煨等方法，把生药制成熟药。比如，有一种药叫地黄，将它炒熟后，其药性与新鲜采摘的、晾干后的药性是完全不同的。

还有一种水火共制的方法，就是既用水又用火，比如用蒸、煮等方法来加工药材。

不论哪一种炮制方法，最终制作成中药，都需要相应的器物和工具。"工欲善其事，必先利其器"，在中医药漫长的发展过程中，保留下来了很多采药、制药的器具，还有各时期药铺的用具，这些承载着时间的物品就是我们了解中医药文化最直观的实物。

药铲

中药的制作，一般会先从采药开始。古代所用药材都是野生的，而现代人普遍有了很强的环境保护意识，所以如今大部分药材都是采用人工栽培或者养殖的方式生产的。

新石器时期的骨铲

药铲就是采药用的铲子。因为植物药材大都生长在深山密林或是悬崖峭壁之处，采摘非常困难，所以药铲是采药人必备的工具。在没有铁器的石器时代，药铲是用石头或兽骨制成的，这说明我们的祖先已经开始采集中草药了，石头铲或骨铲中间有个孔，是用来插手柄的，后来发现了铜、铁之后，就逐渐形成了现在铲子的模样。

战国时期铜铲、铜钩镰

西周青铜铲

药镰

药镰顾名思义就是采药用的镰刀。有些药材不用连根挖出，只需要割下有用的部分，如果实、枝干等，使用药镰就很方便。

民国时期的药镰

药镰与现代用的镰刀样子很相似，不过更小巧一些，手柄也比药铲长，方便用力。古代采药的工具都是制作方便，简单易用的，并没有太复杂的构造。除了药铲、药镰之外，还有其他采药工具，如药锄、剪刀等。中医采药的工具多来源于日常，体现了中国人朴素实用的价值观。

要想随身携带采集的药材，最方便的工具就是药篓。药篓的形状有斜跨式、背带式、挂腰式等，制作的材料有竹子、木头、皮料、布料等。采药人进山一趟，短则几天，长则数月，边采药边运输，药篓这种简单的工具，是他们不可或缺的帮手。

民国时期药篓

左图这种双肩背的药篓是用竹子编织成的，在一些农村和山区至今仍在使用，它不光能装药材，还能运送其他物资。

药刀

药刀就是采药、制药用的刀具。采集回来的药材多带有泥土和杂质，有些带有毒性或异味，有些则容易变质，因此必须通过挑拣、清洗、簸刷、晾晒等方法去掉泥土中的杂质和非药用部分，从而达到清洁药材、降低毒性、矫正气味和干燥的目的，然后根据成药所需的形态，如药丸、汤剂等，用药刀进行切制或粉碎。

明代龙头铡刀

民国时期药刀

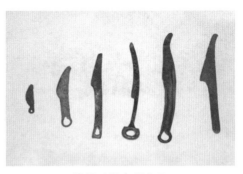

战国时期青铜药刀

药刀有铡刀、切刀等很多种，大批量的切制药材通常用铡刀，它能方便省力地把大批量药物切成片、段、丝、块等各种形状，少量药材则用切刀。

一般铡刀有个底座，刀身长，前端用轴固定在刀架上，后端有刀柄，方便铡切大捆或个头大的药材。切刀形状可大可小，有的有两个手柄，方便双手拿握，有的像菜刀、水果刀。

药碾

宋代瓷药碾

药碾是最常见的粉碎药材的工具之一。药材被切成小段之后，有的需要进一步粉碎，一些种子、果实等也需要脱壳并粉碎，这些工作经常会用到药碾。

药碾由碾槽和碾盘组成，通过推动碾盘在碾槽中来回碾压研磨，使药材分解、脱壳、粉碎。古代的药碾多用石头、铜、铁等制成，因为比较重的材料稳固，易于碾碎药材。

药碾学名惠夷槽，关于它还有一段与华佗有关的传说。

相传有一姓王的铁匠，开了个小铁匠铺，靠打制农具为生。一天炉膛突然爆炸，他被烧成重伤，但因没钱治疗，只好硬挺着。华佗知道后，每天到王铁匠家为他治伤，却只字不提药钱。王铁匠心想，华佗肯定记了账，等伤好了，再一并算清吧。于是省吃俭用，积攒了一些银钱，伤好后便来到华佗药铺付账。华佗见王铁匠来付药钱，就说："我从未想过收取你的药钱，你的伤好了，我就高兴，药钱不用再提啦！"王铁匠执意要给，华佗坚持分文不收。王铁匠感动得直流泪，回到家里，越想越感不安，想到华佗为他治伤碾制药面时，累得满头大汗，就决定给华佗铸造一个能碾碎药物的器具，减少华佗和徒弟碾药时的劳累。经过反复琢磨，王铁匠铸成了一个凹字型的药槽和一个圆轱辘，自己找

宋代壶门座药碾

来了一些干树枝叶和小石子之类的东西回来一试，还真管用。可这东西叫啥名字呢？他正想着，进来一位教书老先生，王铁匠就把自己报恩的缘由说了一遍，请老先生给起个名字，老先生想了想说："就叫惠夷槽吧！惠是赠，有救命报恩之意；夷是平安，表示把你的伤治好化险为夷；槽，碾药之器。这就把你的心意全包含进去了。"王铁匠听了，正合自己心意，连声说："好，好，就叫惠夷槽。"于是立即送到华佗药铺。从此以后，惠夷槽成了医家必备之物。因为惠夷槽主要是用来碾药的，所以人们又称其为药碾子。

药臼

新石器时期石制药臼

药臼（jiù）是捣药用的器具，多用金、银、铜、铁、石头或木头制成。这是一种历史悠久、简单方便的制药工具。据考证，五千年前新石器时期就已开始使用，直到今天在药店里依然常见。臼字的本义为春米用的捣缸，《周易·系辞下》中有"断木为杵，掘地为臼"的说法。杵和臼相伴为杵臼，说明从远古时期起，人们便已懂得用臼和杵来春米和粉碎谷物，同时也开始用之捣药。

商代陶制药臼

汉代陶制捣药模型

东汉名医张仲景在记载"乌梅丸制法"时就曾提到："……纳臼中，与蜜杵两千下。"汉代很多医书中都有"用杵捣之"制作散剂的方法，这说明两汉时期臼和杵就已被广泛用于药物加工。药臼的形态也在不断演变，在汉朝的时候已经有了通过杠杆加力的大型药臼，用脚踩在杠杆的一端，抬起药杵再落下，比用手来捣碎药材的效率要高不少，产量也增加了。现在中药房还能见到药臼，不过家用石臼或者铁臼更常见，用来

民国时期铜制药臼

捣蒜、姜和一些香料非常方便。谁能想到一个小小的石臼，竟然有几千年的历史，如今仍然是寻常百姓家经常使用的物件。

药流

药流是分离水和沉淀物的一种工具。药流形如一个有柄的碗，碗口处开一个伸出来的碗嘴，将浑浊的药汤放在药流里静置一段时间后，比较重的成分就会沉淀在碗底，通

宋代青瓷药流

过碗嘴把清水倒出来，这样就起到分离沉淀物的作用了。现在还有很多地方在使用这种器具，比如我们夏天常吃的凉皮，就是通过这种方法把清水和淀粉分开，沉淀的淀粉就是制作凉皮的材料了。

药锅

药锅是最常见的制药工具之一，古时人们都是从药铺买完药拿回家自己熬，所以基本上家家户户都会有一口药锅。这种锅是由石英、长石、黏土等原料经过高温烧制而成的，这种材料制成的药锅通气性好，传热均匀，散热慢，还有一定的吸附性，非常适合熬药。

清代金锅　铜铲

古代制药用的药锅很有讲究，要根据炒、煮、蒸等不同方法使用相应的药锅。比如炒制药材要用炒药锅，煮制药材的药锅又大又深还有锅盖，蒸制药材用的药锅为方便散发蒸汽会有出气孔等。更讲究的老药铺，还会根据不同的药材使用不同的药锅，比如单是炒药锅就有金、银、铜、铁等不同材质，炒制珍贵药材要用黄金做的药锅、白银做的锅铲，于是民间流传着"金锅银铲"的说法。不仅如此，对炮制过程中药材与工具的搭配也有要求，《雷公炮炙论》中就把当时流传的各种炮制方法进行了综合总结，比如，切骨碎不要用铜刀，切石榴皮不能用铁器，煎药要用砂锅或瓦罐等。

清代铜药锅

清代绿釉砂锅

化学课中使用的坩埚，古代很早就有了。下图是一个战国时期的坩埚，距今已经2000多年，这种锅耐高温，适合用来加热固体、结晶等。

战国时期坩埚

中药材有不少是矿物质，一般的蒸煮方式不行，聪明的古人就发明了这种不怕高温的器具。古时候人们对化学知识了解得不多，有些人就用坩埚炼丹，无形中提取了铅、汞等物质，这也是古人早期的化学启蒙。随着制药技术的进步，中医院会提供煎好的汤剂，用真空袋包装，随用随取，非常方便，所以现在已经很少在家庭中见到药锅了。

中国从汉代开始出现中成药生产，人们把生产的中成药或半成品装在陶罐中，以便存储和运输，于是药罐就应运而生，并且逐渐普及。中国的陶瓷生产具有数千年的历史，陶瓷可以防潮、防腐，又能保鲜。人们将中成药或经过加工的半成品原料放入陶瓷罐内，用毛边纸密封罐口，盖上盖子后再贴上一张密封纸，再将陶瓷药罐整齐码放在竹筐中，用麦糠或稻草填上空隙，用马车、牛车等运到目的地。

商代陶罐　　　　　　　　　　　　战国时期马瓦陶罐

河南禹州是钧瓷的生产地，这里地理气候优越，盛产药材，自春秋战国开始就成为全国的中药材集散地，这里既是钧瓷"瓷都"，也是中药"药都"。有文章记载，禹州先为药都，人们用钧瓷药罐向皇宫运送药品时，宋朝的皇帝看上了装药的钧瓷，从此钧瓷成为"皇宫御瓷"。可见陶瓷和中药的关系之密切。

　　北宋时期，在都城东京（今开封）出现了中国第一家国营药店——熟药所，也称为卖药所。它是在大名鼎鼎的改革家王安石主导下创立的。在王安石变法期间，各地多次发生自然灾害，他看到很多病人缺医少药，痛苦不堪，但有些人却乘机制造和贩卖假药，牟取暴利，于是就采纳了设立熟药所的建议，一方面由国家专门出售各种中药，一方面在遇到重大灾害时给百姓发放药剂。熟药所成立后，大大方便了病人，也为政府赢得了丰厚的利润，受到了朝野的一致赞许。后来熟药所改名为医药惠民局和医药合剂局，并一直延续到明清时期，熟药所的出现可以说是现代药店的前身。

清代青花瓷药罐

明清时期生产的陶瓷药罐，每个药罐上面都有以釉下彩书写的老药铺名称、地址和药品名称，这如同我们今天的商品包装，一方面由于药品的特殊性，必须在包装时加以说明，以防误食；另一方面可以反映出当时制瓷工业和制药工业的发达，反映了市场竞争的激烈，使得人们利用各种机会宣传自己的产品。

葫芦

　　葫芦是世界上最古老的农作物之一，考古证实在浙江省宁波市余姚市河姆渡遗址发现了 7000 年前的葫芦和葫芦种子。传说炎帝（神农）发明了农业，其种植的第一种植物就是葫芦。葫芦在中国古籍中最早称瓟、匏和壶，后来逐渐出现"壶卢"这个双音的名称。"壶""卢"本来是两种盛酒和盛饭的器皿，因为葫芦的形状和用途与之相近，所以人们便将"壶"和"卢"合为一词，称作葫芦。到了唐朝，"葫芦"这一名称开始流行起来。

葫芦

葫芦被当作行医郎中的"招牌"，是从 2000 年前东汉时期开始的。

传说当时汝南（河南上蔡）有个叫费长房的人，看见一个用葫芦卖药的老翁医术神奇，便想拜其为师。他跟踪老翁，发现一到晚上老翁就跳进墙上挂着的一个巨大的葫芦里休息。一天早上，他在葫芦下

宋代瓷葫芦瓶

面备了酒席，恭候老翁。不多时，老翁从葫芦内出来，费长房立即上前磕头拜师，老翁见费长房学医心诚，便收他为徒。费长房勤奋好学，老翁把治病绝技全部传授给了他，这个老翁就是名医葫翁。葫翁去世后，费长房为了纪念自己的恩师，行医时总是背着葫芦，后来他也成为一代名医。从那时起，很多郎中都学着费长房用葫芦做招牌，以表示医术高超，后世逐渐将葫芦当作行医的标记，又称"悬壶济世"。

民间广为流传的神话故事"八仙过海"中的铁拐李，不管走到哪里，身上都背着一个大葫芦。他在山洞中修行，道术造诣很深，在医药方面也有很大成就。传说他医术高明，背上的大葫芦里保存着各种神奇的丹药，专为百姓治病。后来他也被一些医家尊为祖师。

自古以来，民间还将葫芦作为盛药或盛酒的容器，由于古代制造技术不发达，葫芦天生就是一种非常完美的容器，不但密封性好还有一股清

香之气。古人云"唯是壶中物，忧来且自斟"，古人把珍贵的补药与酒一起装入葫芦，然后密封起来，过一段时间就成了药酒，这也是古人治病的重要方法。葫芦与医药，形成了千百年来中国百姓心中固定的符号。

除此之外，葫芦还有很多用途。将葫芦由上到下从中锯开就叫"瓢"。过去没有自来水，家家户户都用水缸储水，水缸很大，有的能装下好几个人，人们从河里或者井里把水挑来倒入缸里，日常就用瓢从缸里舀水，有的人为了观察水质或防毒，还在水缸里养上一条鱼。无论葫芦还是瓢，因为放在水里总是漂着，于是就有了"按下葫芦起了瓢"这句俗语。

民国时期葫芦水瓢

"葫芦"与"福禄"谐音，葫芦上下两个圆球、中间细腰，外形像个"吉"字，因此民间认为葫芦也是吉祥如意、福寿康泰、消灾除病的象征，在中国传统文化中经常出现。另外，葫芦本身也是一味中药，具有止泻、引吐、利水消肿等功效。葫芦也是一种蔬菜，鲜嫩的时候将其摘下，炒成菜或跟肉一起炖，味道鲜美，营养丰富。

戥子

戥（děng）子学名戥秤，据传是宋代刘承硅发明的一种小型杆秤，是古时专门用来称量金、银等贵金属与贵重药品的精密计量工具。戥子由秤盘、秤砣和秤杆组成，秤砣常用黄铜或白铜制成，秤杆有骨、象牙、虬角、乌木等不同材质。

清代药戥子

戥子的计量单位比较特殊，一直采用的是古时1斤等于16两的非十进制单位，因此有"半斤八两"的说法。这种小型的计量工具准确度非常高。

据说上海有一位学者去欧洲某医学院进修，带去一杆戥子，圣诞节前夕他将这杆戥子作为小礼物赠送给了院长，并附了一张用法说明书。说明书中介绍了这种戥子的精确性非常高，而且在中国的许多中医院里仍然广泛使用。

院长收到这份礼物后，首先表达了感谢之情，然后却突然提出第二天要请这位学者在学院的学生和教授面前，当众演示一下戥子的用法。那杆戥子放置在办公桌上，旁边还放着一架天平。这位学者心里明白，这些外国人并不相信中国能有这么精确的衡器，于是他不慌不忙地走到操作台前，一边认真地演示戥子的操作方法，一边耐心地进行介绍。每次用戥子称量后，他再用天平复核，结果都十分准确，于是，在座的学生和教授不得不佩服中国古人能发明出这么精确的工具。不久后，学院为这杆古老的戥子配上了精美的底座，并陈列在学院收藏室的展览橱窗中，下面配上了一句文字介绍：中国使用这样的衡器来控制药物用量已有上千年历史。

药柜也叫中药橱，是中药店中存放售卖药材的用具。直到现在，中医院或者中药店里使用的药柜也保持着古代药柜的样子。

中药柜有固定的结构，通常是一个方方正正的柜子，上面整齐地排列着一排排的抽

清代药柜

屉，这些抽屉，行内叫"斗"。每个斗大概宽 20 厘米、高 15 厘米，里面分成三个格，外面有个拉环或把手方便抽拉，在斗外面会写上存放的药材的名称。

药箱

古时医生出诊时，要携带药箱。药箱内放置备用药材、脉枕、笔墨、针灸用具等。一般稍有名气的大夫，身边都跟有药童，药童负责携带药箱，既是学徒，又是助手。药箱的制作也十分考究，一般都用细软木质，既结实又轻便，有的外侧还会雕刻富有寓意的图案。

清代药箱

冰箱

古时有实力的药铺都用冰箱来冰镇药品。很多人会奇怪，冰箱不是现代才有的吗？其实早在2000多年前我国就已经有了冰箱，当时叫"冰鉴"，是一个盒子似的东西，只不过制冷不是用电而是用冰块。曾侯乙墓就曾出土过两件冰鉴。

战国时期青铜冰鉴

古书《吴越春秋》上也曾记载："勾践之出游也，休息石台食于冰厨。"这里所说的"冰厨"，就是古人夏季用来储存食物的房间，房子中间放有用来降温的冰块。古人很早就懂得将冬天河道里的冰制成巨大的冰块，保存在冰窖里。夏天的时候，就从冰窖里取出一小块，放在冰鉴中给食物保鲜。当然这种冰箱在古时属于奢侈品，普通人家是用不起的。

上图是用来盛冰的冰鉴，古人会在底层铺上冰块，上面放上水果，这样古人在炎热的夏天也能吃到冰冰凉凉的水果。下图这个带盖子的陶器是个小型的冰盒，盖子能起到隔热的作用，盒子里放上冰，就能长时间保持低温。

下图是一个清代冰箱，体积较大，是用红木制成的，口大底小呈方斗形，腰部上下箍两道铜箍，两侧有铜环便于搬运。冰箱口覆两块对拼硬木盖板，板上镂雕钱形孔，总体上看十分精巧。

战国时期陶制冰盒

清代冰箱

下图是另一件清代御用冰箱，早年珍藏于清代御药房。冰箱外观造型与现在的电冰箱相似，分上下两层，上面有可掀开的盖子，下面有可以打开的门。冰箱内有一层用来保温的铅皮，中间有两层用来存储药品或食物的梯板，下面一层用来存储药品或食物，同时用来储存冰块。

清代双层冰箱

　　此时的冰箱不仅外形美观，而且在功能设计上也十分精巧科学。冰箱顶部两块盖板中有一块固定在箱口上，另一块是活动板，箱底还有出水的小孔。暑热时，将活板取下，放入冰块并将瓜果饮品置于冰上，随时取用。

　　明清两代，由于冰箱的使用，京城每年夏季需要大量冰块，因此建有很多储冰的冰窖。至今北京还有很多地名与冰窖有关。比如，列为市文保单位的雪池冰窖（北海存车处）和恭俭冰窖（西城区恭俭五巷），还有西四冰窖（西四十字路口向东路北）、花市冰窖、中关村冰窖等。每到冬季，

北京冰窖口胡同路牌

人们将河冰切成方块，用稻草包上，再用马车、手推车或人拉的方式运到地下冰窖，存到夏天使用。冰窖一般在地下十米左右，用砖或石材砌成。由于冰窖是半地下拱券式窖洞建筑，墙体和拱顶的夯土很结实，密封隔热性比较好，因此冰块可以保存到夏天仍不融化。

冬天取冰也有规矩。在老北京，雪池冰窖是从北海取冰，恭俭冰窖是从什刹海取冰，西四冰窖是从故宫筒子河取冰，中关村冰窖是从颐和园取冰。每当进入三九天，各个冰窖的马车、手推车云集在取冰点，冰工用冰凿将河面的冰切成方块，用绳子拉到岸上，再装上马车或手推车。

清代取冰组图

抓药牌

老药铺使用的抓药牌，在设计上很巧妙。古时去药铺抓药，病人先把医生开的药方交给药铺的先生，先生按照药方中的药品和数量从药柜中取药，每取一味药，就用戥子仔细称好重量。如果药方中的中药种类多，抓药的时间就会比较长，有的客人就没有耐心等，先去办别的事了；或者药铺一下来了好多客人，这时候抓药的师傅难免会记错哪包药是谁的，如果拿错药可是人命关天的大事，所以，药铺就设计了抓药牌。抓药牌中间印有图案，从中间分

清代药铺抓药牌

开，药铺和病人各拿一块，取药时，需要两块牌中间图案对上，才能把对应的药包交给病人。在古代这样的设计还经常用在军中。古代调兵遣将用的虎符就是这个原理，最有名的便是信陵君"窃符救赵"的故事，可见当时药铺用抓药牌取药也蕴含着中国古人的智慧。

其他药用工具

　　在中医药不断发展的历史过程中，我们的祖先不断发现新的药材，为了制作出相应的药物，也发明了很多药用工具。有的是寻常百姓家里用的工具，比如晾晒药材用的竹篾，取药用的勺子，装瓶用的漏斗，定量取药的量器；有的又是很专业的工具，比如成套的制药工具，榨汁用的压床，用来研磨小块药材的研磨盘；还有一种专门用来装散剂的羽翎药管，它是用大鸟的羽翎制成的，将粉末状的药品装在中空的部分，管帽密封后可隔雨防潮，非常适合古时军队远征时携带。

汉代陶制量具

明代羽翎药管

清代药竹筐

清代银药勺

清代犀角铲

民国时期制药工具

　　古人云："工欲善其事，必先利其器。"这么多形形色色的工具，不仅证明了我们祖先的聪明才智，也彰显出他们在中医药的发展过程中孜孜以求、不断探索的精神，更说明了中医药并不神秘遥远，一直以来它就在老百姓的日常生活中，是中华传统文化生生不息的一部分。

第二章

医用器物

砭石

《黄帝内经》中记载，我国传统医术有"砭针灸药"四大类，这里的"砭"是指砭石。《史记·扁鹊仓公列传》中记载了扁鹊用砭石及其他医术救活虢国太子和治好秦武王面部痈肿的故事。隋代医家全元起认为："砭石者，是古外治之法……，古来未能铸铁，故用石为针，故命之针石。"然而，"砭"这种工具是什么样子，怎样用来治病，很少有人知道。

砭石可以说是中国最古老的医疗用具，起源可以追溯到旧石器时期。当时人们居住在山林中，整日风吹雨淋，又要采集野菜野果、打猎捕鱼，经常会生病受伤。产生病痛时，人们自然地进行按揉、捶击，或将石块磨成尖状、片状，用来破开脓包或者放血以求减轻痛苦，逐渐就产生了以砭石为工具的治疗方法。

砭石也是针灸的前身，两者同源又各有用途，久而久之就形成了一个耳熟能详的成语：针砭时弊。这个成语的意思是发现或指出时代和社会问题，劝人改正向善。成语中的"针"是指针灸用的针，"砭"就是指砭石。下图中这些不同形状的小石片就是最早的砭石。

旧石器时期砭石

火的发明与使用，为人类提供了更多治疗方法。人类在用火取暖过程中，发现可以用兽皮、树皮包上烧热的石块或石子进行局部取暖，从而消除因受冷而引起的腹痛或因风寒造成的关节痛，这就是原始的热熨法。

普通石头硬度过大且不易加热，古人在掌握制陶技术前，每当身体出现不适，只能用随处可见的各种石块、石片当作医治病痛、挤压脓肿的工具。当人们掌握了制陶技术后，因陶制品具有保温的特点，陶制砭就取代了石制砭。陶砭是人们根据治疗的需要，专门制造的医疗工具。制陶技术的发明，使人类逐渐发现，中空的陶器可以长时间保温，于是人们将陶砭制成中空，用来取代烧热的石块和石子，从这个意义上可以说，陶砭是人类最早的通过专门加工生产而成的医用工具。

商代陶砭组图一

　　古代陶砭造型各异，有扁圆形、圆形、龟形、蛙形、鱼形、碟形、蛇形等，每件上正反两面均有精美的图案，而且图案各异，几乎没有相同的图案。

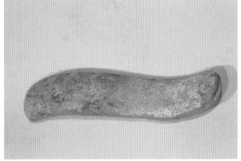

商代陶砭组图二

　　仔细观察这些陶砭，上面的图案均以动物吞食毒虫为主。其中有鱼吞食毒虫、鸟吞食毒虫、蛇吞食毒虫、龙吞食毒虫、凤吞食毒虫等，还有各种天文符号、花纹符号等，这代表了人们希望通过砭石治好疾病的愿望。

商代陶砭组图三

这些砭石多为中空，手摇时"哗哗"作响，加热后其热度可长时间不散，用来挤压脓肿和按压病痛点就十分应手，用来按摩、刮痧等也十分适用。

针具

中医里，针的概念跟西医的不同，西医里的针通常是指注射用的工具，而中医里的针是指灸针，顾名思义就是针灸用的工具。灸针最早的雏形是针石，它在我国有着非常悠久的历史。据记载，殷商至西周时期就已经出现了针刺的治疗方法。

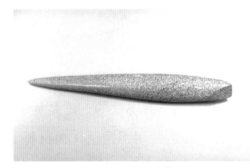

新石器时期石针

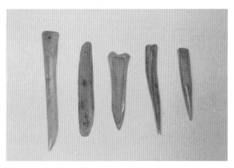

古代骨制针具

传说伏羲制九针，针灸是不是伏羲发明的？当时制作的九针是什么样子？现在已经无从考证了，但是据历史文献记载，古代针灸用的针包括镵（chán）针、圆针、鍉（chí）针、锋针、铍（pī）针、圆利针、毫针、长针、大针共九种。《灵枢·官针》中提到，"九针之宜，各有所为，长短大小，各有所施也，不得其用，病弗能移"，便指出九针的形状、用途各异，据情选用，方可去病。这九种针主要是用来针刺治病的，可以用于外科和按摩。

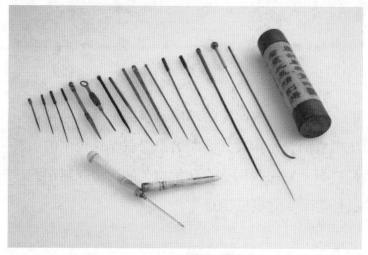

古代针灸用针（金、银、铜针）

现代的灸针一般由针尖、针体和针柄组成，针体的前端为针尖，后端设针柄，针体和针尖都是光滑的，而针柄是有螺纹的，这是为了使用的时候可以提、插、捻、转。现代灸针多数使用不锈钢作为材料，而古代冶金技术不发达的时候，是用骨头、玉石、金银铜铁等制作灸针，其中有种材料叫马衔铁，被推崇为制造灸针的上好材料。

马衔铁也叫"马嚼子"。由于现在看不到马车，更看不见马衔铁，因此年轻人都不知道什么是马衔铁。年纪大一点的或在农村生活过的人都知道，为了防止牲口吃庄稼，主人会给牲口戴一个嘴套，遇到性子烈的马，光戴嘴套还不行，还要在马的嘴中勒上一条铁环，

清代马衔铁

马不听话时就用力拉一下，因为这条铁环是衔在马的嘴里，于是就叫马衔铁。

据清代《针灸大成》记载，古人用马衔铁制针。制针时，先把马衔铁用大火烧红，称为"煅红"；再根据需要，将马衔铁剪成一段段的，每段长短不同，然后涂上"蟾酥"。蟾酥是蟾蜍的毒腺，是一种有毒的中药，因有麻醉作用，中医骨伤科常把它当成麻醉药。涂好后，再放在火里用微火煅烧，然后再涂蟾酥，再煅烧，反复多次；然后再放到一个配好药物的砂锅里面烹煮，煮好的针，还要在黄土中打磨到针体通亮，最后缠上铜丝，做成针柄，就可以使用了。

现在针灸使用的都是不锈钢针，而且制作方法也越来越简单，这是现代大批量生产带来的便利。古人制针虽看似烦琐，但其实除了技术之外，还包含着古代医家对人和大自然的敬畏之心。

刮痧工具

刮痧是一种简便易操作的中医治疗方法。"痧"字的本意是指一种疾病，刮痧就是用刮板刮的方式来治疗这种疾病。有一部叫《刮痧》的电影，讲述了一位职业是中医的爷爷，退休后去美国照顾孙子，有一天孙子生病发烧，爷爷因为看不懂西药的英文说明书，就用刮痧的方法来给孙子治病，刮痧后孙子的背上出现了大片红色的"痧"，结果被学校的老师误认为孙子在家中受到了虐待，从而引发的一段故事。这部电影从中医的角度探讨了中西方文化的差异，当年轰动一时。

刮痧所需要的工具非常简单，只需要刮痧板和刮痧油。刮痧板最好是用牛角做的，因为牛角本身是一种中药，而且软硬适中不伤皮肤。古代用玉石和兽骨制作的刮痧板也比较常见。除此之外，许多日常用具也可以作为刮痧工具使用，比如瓷汤勺、嫩竹板、棉纱线、蚌壳等，现在还有了树脂、硅胶等现代材料所制成的刮痧工具。

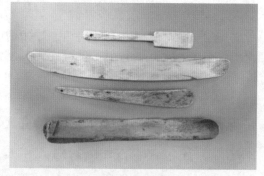

清代骨制刮痧板

刮痧的时候为了避免刮破皮肤，还需要涂上一些润滑油，这些润滑油可以是药用的，比如红花油、万金油等，也可以是花生油、菜籽油等食用油，有时也可以直接用清水。因为刮痧工具多种多样，而且常见于普通家庭中，刮痧的方法简单易学，所以至今在我国民间仍被广泛使用。

拔罐用的工具叫火罐。之所以叫火罐，是因为古人用这种方法来治疗时，会先把点燃的火苗放入罐子，通过燃烧的方式减少罐内的空气以形成负压，然后吸在皮肤上。通过罐子的吸拔，可导致局部组织充血，促使血液加速循环，从而起到消肿止痛等作用。现在拔罐仍然非常普遍，但家庭用的大都是真空抽气罐。

拔罐与针灸一样，也是一种物理疗法，而且拔罐是物理疗法中最优秀的疗法之一，儿童同样适用。随着我国中医药文化的影响不断增强，现在很多外国人也热衷于拔罐治疗，特别是运动员，出于他们对自己身体的保护以及赛事审查的原因，是不能随便服用药物的，拔罐这种纯粹的物理疗法就逐渐成了他们理疗、恢复期间最青睐的方法。

古人多用陶瓷、竹子等制作火罐。陶瓷火罐的罐口底部平滑，形似木钵或瓷鼓，这种罐的优点是吸力大，但是易碎。

清代瓷制拔火罐　　　　　　　　明代陶制拔火罐

竹筒火罐会选用直径 3—7 厘米的细毛竹，逐节截成竹管，一端留节为底，另一端为罐口，用刀刮去青皮及内膜，用砂纸磨光，口圈平正光滑。竹罐的特点是取材容易、轻巧价廉，制作简便而且吸力稳定不易碎，但是容易爆裂漏气。

宋代白釉褐彩拔火罐　　　　　　唐代黄釉拔火罐

脉枕

古代实用的小型陶瓷枕有三种：一是袖枕，因当时交通不发达，人们外出长途旅行、风餐露宿时，常随身带个小枕，便于休息时使用；二是腕枕，当人们长期书写时，为防止手腕发酸，便将腕枕垫于腕部；三是脉枕。

所谓脉枕，指的就是中医大夫诊脉时放在病人腕下，起衬垫作用的工具。通常是长方形的，两端略高，中间微微下凹，形似枕头，故名脉枕。医生号脉时先让病人端坐或平卧，令病人手臂向上平放在脉枕上，使手臂与心脏置于同一水平，然后再用三根手指搭在病人手腕的寸口处，探查脉象的变化。

脉枕在唐代开始出现，一直延续至今。古代脉枕多用木、布、竹、瓷、玉等材质制成。瓷制脉枕比较多见，原因是瓷脉枕散热好，手腕搭上去舒服，医生也能更好地掌握病人脉搏的强弱。现代中医多用布袋脉枕，里面填充棉花、绿豆、荞麦壳或各种中药材，质地柔软，使用时也不必担心磕磕碰碰而造成损坏。下图呈现的是不同朝代、不同材质的脉枕，例如唐代绞胎制脉枕、明代黄杨木脉枕、明代三彩釉脉枕、清代竹制脉枕、清代狗皮制脉枕和民国布脉枕。

唐代绞胎制脉枕

明代黄杨木脉枕

明代三彩釉脉枕

清代竹制脉枕

清代狗皮制脉枕

民国时期布脉枕

药方

　　药方，也称"医方"，是医生为了治疗某种疾病，将所使用的药物名称、剂量和用法写在一张纸上，现在称为处方。我国最早的药方，是1973年在湖南长沙马王堆三号汉墓出土的《五十二病方》，书中列有 52 类疾病的名称和治疗方法。每类疾病少则一方、二方，多则二十余方，现存医方总数为 283 个，书中记载的药物共 247 种，提到的病名现存有 103 个。

根据史书的记载，我国最早开药方的人是西汉医学家淳于意。他在看病时，会把患者的姓名、性别、年龄以及就诊的时间、病因、病理、诊断方法、治疗方法等多方面情况都以药方的形式如实记录下来，后人把这种记载病人诊疗情况的记录叫作"诊籍"，也称为"医案"。

完整的中医药方的内容应具备症、因、脉、治四项。症是症状，因是病因（也叫临症记录），脉是指脉象，治是治疗方法。中医界认为，

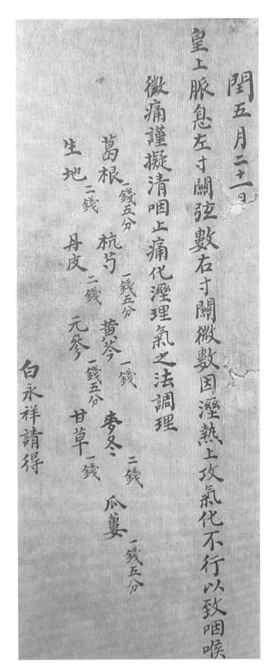

清代御医开具的药方

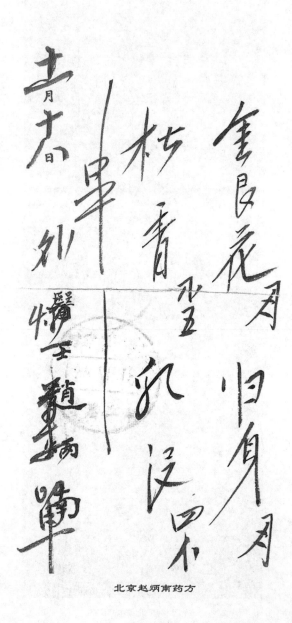

北京赵炳南药方

要想开好方，必先多看方。历史上很多医生会将自己的药方和诊断记录汇集成册，一方面便于查证，另一方面也便于对类似的病例进行经验总结。

在古代中国，医儒不分，很多著名的中医名家本身就是书法家或文学家，许多政治家、文学家也兼通医术。传统中医药方与西医药方的不同之处在于，作为对症下药的医学依据，传统中医药方同时还蕴含着哲学、文学、书法和篆刻等多方面的价值。比如中医皮外科专家赵炳南的药方就具有一定的书法价值。

从古至今，既是医家又是书法家的不乏其人，如葛洪、陶弘景、孙思邈等。书法家书写出与中医药有关的作品，在我国书法史上也层出不穷，著名的如王献之的《鸭头丸帖》、张旭的《肚痛帖》、杨凝式的《神仙起居法》、苏轼的《覆盆子帖》、黄庭坚的《方药墨迹》、傅山的《三垣兄方》等，这些都是书法艺术中的瑰宝。近代擅长书法的名医有丁甘仁、施今墨、萧龙友等，他们留下的药方不仅具有研究价值，同时也具有很高的艺术价值。

施今墨药方

串铃

　　串铃，也叫虎撑或虎衔，是中国古代行医卖药者的"护身符"。串铃的形状像个圆环，圆环里面是空的，内部有 2—4 颗圆珠，拿在手里摇晃时，会发出清脆的响声，可以起到广而告之的作用。历史上，不同时期的虎撑形状大致相同，只是材质有别、大小不一，金属圆珠的数量也存在差异。

串铃有大有小，有铜质的也有铁质的。有的是用两个手指撑着晃动，有的则是用一个木托插在里面晃动。古代医生行走乡里，很讲规矩，那些举过肩晃动串铃的是经验丰富的老医生，而那些在胸前晃动串铃的一般是江湖游医。

关于串铃的来源，有这样一个传说。相传药王孙思邈医术高超，不仅能给人看病，还能医龙救虎。

孙思邈经常进山为人治病，一天傍晚，他在回家的途中被一只老虎挡住了去路，此时逃跑已经来不及了，搏斗又不是老虎的对手，正当他惊慌失措时，突然发现这只老虎不但没有扑过来，反而趴在地上，表情十分痛苦，

明代串铃

眼里流露出哀求的神色，好像是在向他求助。孙思邈出于职业的敏感，壮着胆子慢慢靠近老虎，此时老虎张开嘴，露出卡在喉咙里的一根兽骨。这下孙思邈明白了，原来老虎是想求他把这根兽骨拔出来，但是他转念一想，如果自己把手伸到老虎的嘴巴里被它一口咬住岂不没命了？要是有个工具能把老虎的嘴撑住，不让它随便咬人就可以帮它了。这时他忽然看见药担子上有只铜圈，于是便取下铜圈放在老虎的嘴中，

撑住老虎的上下颚，把手从铜圈中伸进去拔出了兽骨，然后又给伤口敷上药物，最后再取出铜圈。老虎顿时舒服了很多，冲着孙思邈点点头、摇摇尾巴，似乎在表示感谢，然后转身跃入了密林。

此事传开后，行医的人们纷纷效仿孙思邈随身携带铜圈，铜圈便成了外出行医时的必备之物。后来人们不断改进铜圈，逐渐成了行医之人手摇的响器。这些医生出门行医时边走边摇，人们听到串铃的声音就知道有医生来了，后来逐渐成了中医行医的一种标志。

清代串铃

熏炉亦称香炉、熏笼。我们的祖先很早就懂得用香薰的方法来治疗疾病，他们会放置一些中药材制作的香料在熏炉中点燃，药物的有效成分会伴随着芬芳的气息从炉盖的孔洞中缥缈而出，经由呼吸和皮肤上的毛孔传入体内，不仅可以治疗疾病，还可以消除疲劳、排解抑郁情绪，还能起到驱除蚊虫的作用。从现代医学的角度上看，燃烧后的药物分子通过空气被人体吸入后，可以快速进入人体的血液及淋巴液中，这就跟口服与注射药物的原理相似。

植物是原始人类食物的主要来源之一，气味芬芳的植物更能吸引人们的注意。原始人类能分辨出哪些植物的花果芳香可口，哪些气味怪异难闻。随着人类对火的认识和使用，原始人从茹毛饮血进化到主动用火烤煮食物，火给人类带来了光明和温暖，人们对其感恩和崇拜，于是更加主动地用烤制好的食物与芬芳馥郁的植物来祭拜天地神灵，以求得到上天的庇佑，"香薰"也就随之产生。

很多人以为香薰是从西域传入的，其实使用香薰的习俗在我国由来已久，春秋战国时期我国就有熏炉了，两晋时期熏炉的形状、用途已经十分成熟。《拾遗记》一书中记载，燕昭王二年（公元前585年），波弋国贡"荃芜之香"。由此推测，香薰大约早在春秋时代就开始出现了。不过，秦汉以前，中国还没有传入沉香之类的香料，当时焚烧的是兰蕙一类的香草。据记载，汉武帝晚年好求长生，四处寻找香草，当时南方各地纷纷进贡各种草药，沉香大约就在此时传入中原。魏晋以来，香料已成为宫廷及富贵人家中生活必需品之一，焚香、熏香也是当时社会权贵阶层生活的组成部分。三国时期，曹操曾

明代香料

经送给诸葛亮"鸡舌香五斤"用以示好；也曾经在家明令"禁家内不得熏香"以示简朴；临终时遗令"余香可分与诸夫人"以示珍贵。唐宋以后，关于香料制作、香薰方法等方面的文字作品也多了起来，后来熏香逐渐与品茗一起成为中国传统文化的一部分。明清时期，香料的制作和使用进入繁荣时期，我们参观故宫时，可以看到在大殿、书房、寝宫各处皆放置着各式熏炉。

汉代熏炉

手术器具

手术并不是西医的专利，中医历史中很早就有关于手术治疗的记载。华佗是我国古代最有名的外科医生之一，相传他发明了"麻沸散"，开创了全身麻醉的先河。

早在华佗之前，就已经有许多关于中医手术器材的记载，最早可以追溯到《山海经》，其记载："高氏之山，其上多玉，有石可以为砭针，堪以破痈肿者也。"那时，人们用砭石制作成各种手术刀用来割去肿瘤、削掉腐肉。河北藁城台西商代遗址出土的砭镰，距今3400年，是目前世界上已知最早的手术刀。后来，随着铜器、铁器的不断普及，人们开始使用铜铁等金属制成的针、刀、镰以及其他外科手术器械。

秦汉之后，外科手术器具不断发展。出土的唐代文物中已有镊子、剪刀这样的常见外科手术器械，宋代时已经出现较为完整的常用外科器具，如针、剪、刀、钳、凿，在《世医得效方》和《永类钤方》等书中都有记载。江苏省江阴县曾出土了一批明代医疗器械，除了铁质和铜质的平刃刀、小剪刀、镊子外，还有一把柳叶式外科刀，一头有

民国时期中医手术器具一

尖刃口，和现代的手术刀十分相似。

在清代医家何景才撰写的《外科明隐集》中，他简述了开疮刀、三棱针、平刃刀、月刃刀、镊子等几种外科手术器具："开疮刀最为薄利锋锐，取其速入急出；三棱针刺放瘀滞毒血，取其刺孔宽豁，让瘀汁通流；平刃刀割除死腐余皮，用之随手得便；月刃刀割除深陷之内瘀腐；镊子夹捏余皮顽腐，让刀割更方便。"

古代中医手术的技术也非常先进。隋朝有一本非常有名的医书叫作《诸病源候论》，由太医巢元方所写，当中有一段叙述："金疮肠断者，肠两头见者，可速续之。先以针缕如法，连续断肠，便取鸡血涂其际，勿令气泄，即推内（纳）之。但疮痛者，当以生丝缕系，绝其血脉。"

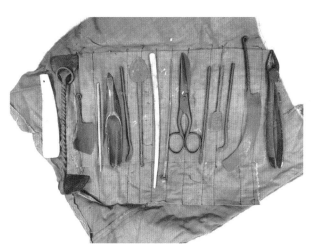

民国时期中医手术器具二

这段文字说的是医生如何用手术的方式把断了的肠子重新续接在一起的方法。医生需要先用针线把断肠缝在一起，然后涂上鸡血防止漏气，接着推入腹内……这里不讨论用鸡血涂抹伤口是否会导致感染的问题，仅从记载的详细程度，就能看出在当时中医已经对这种难度的外科手术有一定研究了。

这个时期，缝合伤口的材料也已经非常先进了。中医发明了使用桑皮线缝合伤口的方法。据文献记载，制作桑皮线的方法是先将桑树的根皮外层剥去，在内层中选择比较粗的筋纹，撕下来，然后再取外皮，把细线从头到尾抹七次，让细线滑润如丝，收起放好，到用的时候，在沸水上用蒸汽蒸一下，细线就绵软如新了。桑皮线可以被身体吸收，所以缝合后不需拆线，而且取用方便，不易折。不仅如此，桑皮本身药性平和，更有清热解毒、促进伤口愈合的作用。

第三章

场所器物

经络图

中医上说，经络是运行气血、联系脏腑和体表及全身各部的通道，是人体功能的调控系统。经络学也是人体针灸和按摩的基础，是中医学的重要组成部分。经络图即针灸图，是学习中医针灸的必备用具，各地医院、学校大多都有。古时将经络图称作明堂图，"明堂"的意思是针灸模型或图书中腧穴（腧穴是人体脏腑、经络、气血输注出入的特殊部位）的标志点。

唐太宗时，出现了历史上第一个官方修订的《明堂针灸图》。据传，唐朝初年李世民征战时期，有个随行医生叫甄权，此人医术高明，擅长针灸，行军打仗之余，便在军帐中研究人体经络，最终绘制出了著名的《明堂人形图》，并得到了李世民的赞赏。历史上唐太宗有仁慈爱民之称，统一天下后，太宗为了方便百姓治病，就命甄权修订完善他的针灸图。甄权于贞观四年（630年），正式修订完成了《明堂人形图》并呈献太宗御览。

北宋仁宗天圣五年（1027年），翰林医官王惟一奉朝廷命令考订历代的针灸经络穴位，他详细地考证并说明了每个腧穴的主治疾病和疗法，编著成《铜人腧穴针灸图经》三卷，作为法定教材在全国颁布。王惟一发明了针灸铜人图之后，当时官府将铜人的穴位图刻在石碑上，供没钱买书的人拓印学习。

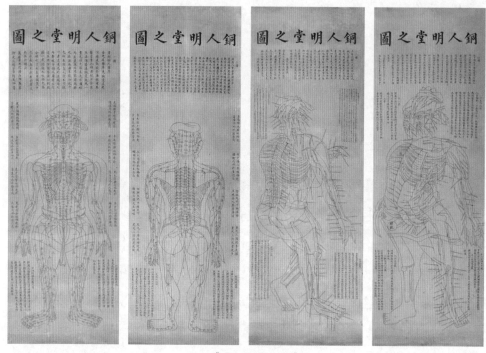

清代《铜人明堂之图》

针灸铜人

针灸铜人是古代学习针灸技术的教学模型，因为用青铜铸造所以叫"针灸铜人"。针灸治病，因为简便又没有副作用，几千年来在中国一直非常盛行。

据记载，最早的针灸铜人是在宋代制造的。为了确切表示经络穴位，北宋医官王惟一率先提出用人体模型呈现经络穴位的设想。在完成《铜人腧穴针灸图经》的第二年，王惟一设计并主持铸造了两具用于针灸练习的铜人。铜人大小与真人相似，表面铸有经络走向和腧穴位置，并在腧穴位置钻孔。整个铜人身上有657个腧穴，标注穴名354个，在铜人的体腔内还有雕刻的五脏六腑和人体骨骼，并且可以拆卸组合，后人称其为"天圣针灸铜人"。天圣针灸铜人铸成后，被北宋朝廷视为国宝，当时周边国家都将天圣针灸铜人视为奇异之物。

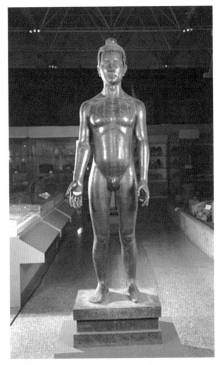

宋代天圣针灸铜人（仿制）

北宋天圣针灸铜人是世界上最早的医学人体模型。针灸铜人铸成后，第一尊被放在宋朝的医官院，用于学医者观摩练习；第二尊被放置在东京（今河南开封）大相国寺的仁济殿。针灸铜人的原型是一个青年男子，身高1.73米左右，其一直保持站立的姿势，两手平伸，掌心向前。铜人被铸成前后两部分，利用特制的榫头可以对躯干、四肢等进行拆卸组合，体现了当时高水平的铸造工艺。

天圣针灸铜人重要的作用，还在于它是医学考试的道具。在宋代，学医者只有在针灸铜人上考试过关，才有资格结业并且拿到上岗证书。针灸铜人作为考试道具，使用了一千多年。古人是如何利用铜人考试的呢？

有的史书记载，考试的时候，会先在铜人体表涂上一层黄蜡，再往铜人体内注入满满的水银，然后给铜人穿上衣服，让学生试针。如果腧穴找得准确，针扎下去穿透黄蜡，铜人体内的水银就会从针孔滋出来，就是传说中的"针入汞出"；如果腧穴没找准，针根本扎不进去。

古时用的针比较粗，一针扎进去，如果穴位准确，力道足够，在压力的作用下，水银确实会流出来，但并不多，应该是流出一些就止

明代针灸穴位铜人

住了，毕竟水银是有毒的，不能让考生碰到。考官接连报出 5 个穴位，如果学生全扎对，那么他就过关了。此后，明清两朝太医院和民间的医生、药铺都仿造过针灸铜人，但这些珍贵的针灸铜人大多在战乱中损毁或丢失了。

左图明代针灸铜人是一个古代童子的形象，高 86.5 厘米，面目神态安详，周身标注的穴位有 354 个，每个穴位上有一个针孔，旁边刻有该穴位的名称。铜人的身体里也有木雕的五脏六腑和骨骼，这些体内的脏腑器官

被工匠们雕刻得栩栩如生，因此针灸铜人不仅应用于针灸学，同时也可用于解剖教学，这比西方的解剖医学早了近 800 年。

塑像与模型

跟中医药有关的塑像，也是中医药文化的一部分。在中医几千年的历史中，流传着各类题材、数量繁多的塑像，还有很多与中医药有关的模型，每一座塑像和模型背后都承载着丰富多彩的中医药文化。

给名医塑像是人们表达纪念与尊敬的一种方式，古人还通过供奉名医的塑像以祈求身体健康、远离疾病。这些塑像的形象往往是从典籍的记载中被发现的，也让现代的人们能够大致了解古代名医的相貌。比如文献中记载了神农长着牛角，力大无穷，于是后代对于神农形象的塑造就会突出这些特点，久而久之，神农就在人们心中留下了固定的符号。

明代神农石雕像

清代孙思邈木雕像

相传，药王孙思邈不仅救治百姓，还为动物治病，民间还流传他曾经医治过龙王，治好过老虎的传说，所以塑造出的孙思邈的形象旁边，经常会出现虎和龙的形象。随着时间的流逝，人们早已经不记得孙思邈的真实长相，但是只要看到一龙一虎伴随在一个人左右，十之八九就是药王孙思邈。如今，北京崇文门外的南药王庙，就供奉着这样一尊药王的塑像。

还有一些塑像讲的是典故，比如汉代的绿釉岐黄论道模型，讲的就是黄帝和他的臣子岐伯坐而论道的故事。相传黄帝常与岐伯、雷公等臣子坐而论道，探讨医学问题，对疾病的病因、诊断以及治疗等原理设问作答并予以阐明，在西医的概念还没进入中国之前，后世就以"岐黄之道"指代中医，中医这个说法是有了西医的概念后才形成的。

汉代绿釉岐黄论道模型

还有一些是记录制药过程的模型，这些模型直观地反映了中药制作的器具、场景和流程，对于人们了解中医药文化和古人的制药方法非常有帮助。

隋代制药模型

隋代灶台模型

医学经典书籍

中医有五千年的医学实践，绝大部分的成果是以古籍为载体而传承至今的。目前中医治病防病、养生保健、康复治疗等医学治疗过程，大多是依据古代医学典籍开展的，当出现各种疑难杂症或流行性疾病时，人们还会从古籍中寻求治疗的理论和方法。

《黄帝内经》是我国现存最早的一部医书，之所以称之为"经"，是因为古人往往把具有一定法则，又必须学习和掌握的书籍，称作"经"，如儒家的"六经"、老子的《道德经》以及启蒙教育的《三字经》等。《黄帝内经》是两千多年来中医学术思想发展的基础。整部医书分为《素问》《灵枢》两部分：《素问》的内容，实质是以问答的形式讲述人体生理病理的问题；《灵枢》的内容，则是研究针刺的问题，"灵""枢"二字的意思，就是必须掌握针刺法的要领才能灵验，故《灵枢》也被称为《针经》。

　　关于《黄帝内经》的著作年代，过去相传是黄帝所作，但是黄帝生活的时代远在四五千年之前，那时还没有文字出现，更谈不上著作。经过现代考古研究，人们普遍认为《黄帝内经》是战国后期出现的作品，它成书于秦汉时期，而且并非出自一人之手，很可能是集体创作或历代医学的集合成果。

　　《黄帝内经》的理论对世界医学的发展产生了积极的影响。例如，《黄帝内经》中对人体表面解剖的论述，特别是有关消化道长度的测量，就与西方医学的数据很接近；它最早提出了血液循环的概念，并认识到了体循环（大循环）和肺循环（小循环）的不同。凡此种种，不胜枚举。因此，历代医家都非常重视《黄帝内经》，尊之为"医家之宗"，成为学习中医必读的古典医籍。

　　古时把记录药物的书

清代《黄帝内经素问灵枢合编》

籍叫作"本草"，因此中国历史上出现了很多以本草命名的医学书籍。《神农本草经》是现存最早的中药学专著，作者不详，大约成书于秦汉时期，原书早已佚失。南朝陶弘景为《神农本草经》做注，并补充《名医别录》，编成了《本草经集注》。清朝孙星衍将《神农本草经》考订辑复，成为现在的通行本。据文献记载，《神农本草经》共分三卷，当中收藏了365种药物，按照药性把药物分为三类，称为"三品"。其中120种本身无毒副作用的药材，称为上品，120种毒副作用较小的药材称为中品，125种毒副作用较强的药材称为下品，这是我国对中药最早的分类方法。

　　《雷公炮炙论》是我国最早的制药学专著。作者是雷敩（xiào），南北朝时期刘宋人。这本书对南北朝以前的制药方法做了一次大总结，它将中药的炮制方法总结归纳为五大类，分别为修制、水制、火制、水火共制及其他制法。书中详细记述了药材净选、粉碎、切制、干燥、水制、火制、加辅料制等方法，对净选药材的特殊要求也有详细论述，如当归可分为头、身、尾；远志、麦冬需要去芯等，其中有些方法至今仍被制药业采用。此书对后世影响极大，历代制剂学专著常以"雷公"二字冠于书名之前，反映出人们对雷氏制药法的重视与尊奉。

清代《增补雷公炮制药性赋合编》

《伤寒杂病论》是我国医学史上影响最大的古典医学著作之一，也是我国第一部临床治疗学方面的巨著。这本著作于公元 3 世纪左右由张仲景写就。当时，纸张尚未大量使用，印刷术还没有出现，书籍内容的传播只能靠一份份手抄，流传开来十分艰难，不久，原书就逸失了。

到了晋朝，在偶然的机会中太医令王叔和见到了这本书，此时已是断简残章，王叔和读着这本残缺不全、断断续续的奇书，兴奋不已。利用太医令的身份，他全力搜集《伤寒杂病论》的各种抄本，并最终找全了关于"伤寒"的部分加以整理，将其命名为《伤寒论》。到了宋代，人们又从搜集到的古籍中整理出来杂病论的部分，取名《金匮要略》。我们现在看到的《伤寒杂病论》就是宋代校订版。此书奠定了我国中医学发展的基础，对日本、韩国、朝鲜的医学发展也有着巨大的影响。《黄帝内经》、《伤寒论》、《金匮要略》和《本草纲目》被合称为中医四大经典。2015 年，屠呦呦从古籍中发现了青蒿治疗疟疾的线索，

明代《伤寒论》

发明了治疗疟疾的药品青蒿素，并因此获得了诺贝尔生理学或医学奖，那本古籍就是东晋葛洪所著的《肘后备急方》。书中记录了很多常见疾病的治疗方法，可以说这是中国历史上第一部急救指导手册。

李时珍写就的《本草纲目》是明代药学著作，共 52 卷，近 200 万字，载有药物 1892 种，收集医方 11 096 个，绘制精美插图 1160 幅，全书内容分为 16 部、60 类，是中国古代汉医集大成者。李时珍在总结和继承以前本草学成就的基础上，结合自己长期学习、采访所积累的大量药学知识，经过实践和钻研，历时近三十年编撰出一部药学巨著。书中不仅考正了过去本草学中的若干错误，还综合了大量科学资料，提出了较为科学的药物分类方法，融入先进的生物进化思想，反映了丰富的临床实践，从内容包含的药物数目之多和流畅生动的文笔来看，它都远远超过古代任何一部本草著作，因此被誉为"东方药物巨典"。这对人类近代科学和医学来说，影响极为深远，它是我国医药宝库中的一份珍贵遗产，也是一部具有世界性影响的博物学著作。

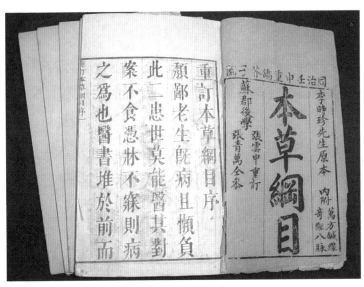

清代《本草纲目》

除此之外，还有很多影响广泛的医学名著，比如第一部诊断学专著《脉经》，第一部针灸学专著《针灸甲乙经》，第一部官方组织编撰的大型医学典籍《诸病症候总论》等，都是中医文化宝库中的珍宝。中医不仅在中国有着巨大的影响，在国外同样也发挥着巨大的作用。

《东医宝鉴》是古代朝鲜人在中国学习中医回国后，用汉字编撰

明代《东医宝鉴》

的一部关于中医的图书，作者是朝鲜许浚等人。朝鲜宣祖二十九年（1596年），许浚向朝鲜宣祖提出编纂医书的请求，希望将医术普及化，让一般百姓也能阅读，防病患于未然。朝鲜宣祖设编辑局命许浚与御医杨礼寿、金应铎、李命源等人一同着手编纂医书，经过十四年的努力，于1610年完成编纂工作，1613年进行刻版刊印。

《东医宝鉴》是朝鲜最佳的综合性传统医学典籍，书中的理论观点和用药准则都来自中国中医，《东医宝鉴》

也进一步推动了中医药学在朝鲜半岛的传播。《东医宝鉴》在中国和日本被多次翻译出版，其后还被译成西欧许多国家语言。

牌匾

牌匾在我国的历史非常悠久，历史遗址、老字号店铺、老宅子等，都悬挂着各式各样的牌匾，既有皇帝御赐的，也有社会名流题字的，牌匾的内容也各式各样。

中医牌匾是一种文化现象。匾额中的"匾"也作"扁"字，最初的作用是标识门户。在标识建筑物和景物的名称时，除了展现独特的文化意味之外，还直接或间接地起到标明地名、方向和方位的作用，后来逐渐发展为表彰或歌颂。

古时没有锦旗和感谢信，一般会用牌匾来表彰医生高尚的医德和高超的医术，如悬壶济世、妙手回春等，民国牌匾"宛然扁鹊"就形容医生像扁鹊一样医术高超。在中国历代，行医开药铺者向来把自己的药店叫"衣食铺"，意思是：穷不了，富不了，养家糊口，维持温饱而已；而古人言："君子喻于义，小人喻于利"，用在行医上就是说开药铺当先生为的是治病救人，不是为了牟利、发财致富。可以说，牌匾的主要作用是古代道路标识或进行表彰歌颂，至今有的地方还在沿用。

民国时期牌匾"宛然扁鹊"

清代牌匾"妙手回春"

　　牌匾都选用好木料雕刻，然后将其镶嵌、悬挂在迎面门楣之上。中医药的匾额，一般都会刻上药铺的字号或表彰的人物和送匾人。与商铺的匾额不同，药铺的匾额不带有与金钱相关的内容。传统中医界，素有"医乃仁术""医本儒流"之说，数千年来中医学术的医德医风，无一不渗透着孔孟之道，贯穿着儒家的道德精神和思想，从中可以看出，中医是把儒家道德思想作为自己的行为规范的。

　　我国古代牌匾是融文学、书法、传统建筑、雕刻于一体，集思想性、艺术性于一身的综合艺术作品。片辞数语但寓意深邃，着墨不多却提笔点睛，古色古香、端庄文雅，悬之蔚为大观，望之肃然起敬。

招幌

"药铺"也称"药堂"，大一点的药铺都是前店后厂，前店的店堂有药柜和坐堂先生。坐堂先生负责诊脉看病，顺便为病人抓药。大的药铺会制作成药和保养品，同时还销售人参、鹿茸等贵重药材，一般的药铺则是自家行医，看病兼卖药，小一点的药铺只照方抓药。旧时药铺门前都有招幌，招幌就如同现在的行业标牌，有的立在门前，有的悬挂在门上。右图中招幌的寓意特别有意思，最上面的支架是个仙鹤的头，仙鹤通常代表长寿，故有"松鹤延年"的说法，下面用绳子挂着五个部件，其中有三个图案，从上往下依次是：蝙蝠、药丸和双鱼。蝙蝠不仅表示长寿而且与"服"同音，中间的圆点代表

清代招幌

膏药或丹丸，下面鱼与"愈"同音，连起来的意思是："服用了我们
药铺的药丸不仅能痊愈，而且会益寿延年。"这也充分展示了东方文
化中含蓄、内敛的意蕴。

清朝末年的时候，北京有大大小小的药铺 300 多家，每个药铺都
有一些独特的传统经营特色，但行里的规矩文化，以及传统的医德医
风都是基本相同的。

古时不光药铺招幌有讲究，各行各业的招幌也都各有寓意。下图
展示的有毡帽店、辫绳店、剃头铺、酒饭铺等各种店铺的幌子。

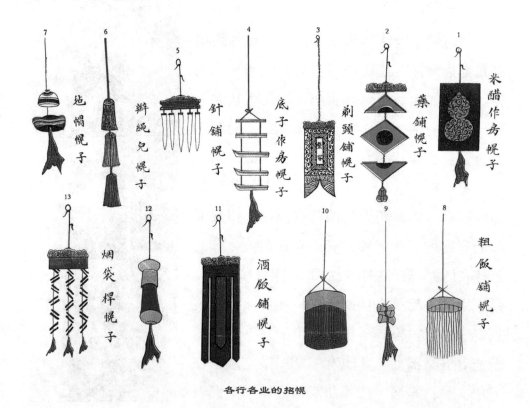

各行各业的招幌

雕版、仿单与广告

　　雕版印刷术是中国古代的一大发明，人们先用薄纸抄写好书稿，反贴在木板上，雕工再用刻刀把版面没有笔划的部分去掉，此时便做好了木雕版。印刷的时候，在版上涂上墨汁，把纸铺在上面，用毛刷轻刷，字迹就会留在纸上，然后将纸揭起，印刷品由此产生。这种古代雕版印刷技术一经发明，很快就进入了商业领域。雕版印刷的仿单上都印有药铺的字号、历史、地址以及药品的名称、疗效等简单文字，由此可见，古时的药铺已经有了品牌意识。

　　仿单又叫"裹贴"，经常作为药品和商品的包装来使用，后来兼具了包装、宣传等功能。随着历史脚步的远去，在很多领域里，仿单逐渐离开了大众生活，唯独在医药领域仍保留着这一古

清代仿单雕版

老的传统，但名称发生了变化，人们不再称其为"仿单"，而叫"药品说明书"。

仿单这个词语在中国古代和民国时期使用相当普遍。1949 年后，国家经过文字改革，停用了繁体字，同时还删除了字典中一些不常用的字词，而"仿单"一词也被"说明书"所取代。但目前，我国台湾地区还在使用"仿单"这一表述。

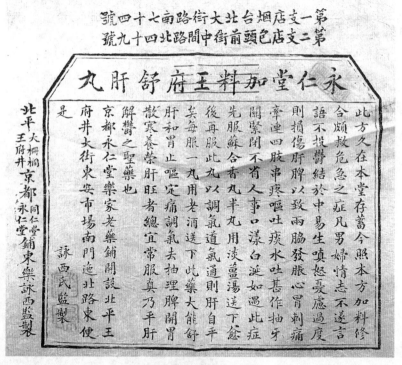

民国时期北京永仁堂仿单

民国时期武汉庆华堂仿单

民国时期上海雷允上诵芬堂仿单

　　"广告"一词是在中日甲午战争爆发以后，一些留学生从国外带回中国来的。中医药广告的前身是仿单。早期的仿单兼具了说明书与宣传的作用，但随着社会发展，到了近代，中医药的生产经营模式，从原本以个人或作坊为主的小规模发展，逐渐发展为大规模生产，中医药广告也就应运而生。

　　民国期间已经出现了近似现代的中医药广告。现代中医药广告的出现，代表着传统药房、药铺逐渐向现代化药企的方向发展，预示着中医药将进

民国时期广东广芝馆仿单

入一个新的发展时期，很多老字号从古传承至今，如同仁堂、广芝堂等。

老广告组图

杏林是中医学界的代称，该词出自于三国时期吴国的名医董奉的故事。

董奉医术精湛，医德高尚，深得百姓敬重。他为病人治病不计报酬，对于贫穷患者更是分文不取。但是，他对患者有一个特殊要求：如果治好了病，就要患者在他的房前或屋后栽种杏树，病情比较重的人种五棵，病情比较轻的人种一棵。董奉在杏林旁建了一个谷仓，每年，当杏子成熟时，他告诉前来摘杏的人，买杏不用交钱，也不用打招呼，但要带来一些粮食，将粮食倒入谷仓后，就可以摘走同等重量的杏子。董奉把杏子换来的粮食用来救济附近的贫苦百姓，以及接济过路没了盘缠的路人。董奉的故事被后人传颂，由此，"杏林"也演变成了中医学界的代名词。

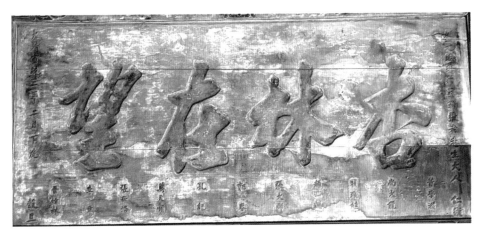

清代牌匾"杏林在望"

在中医学界还流传下来很多成语，比如"橘井泉香"也是一个与中医药有关的成语。

传说西汉时湖南有一位叫苏耽的道人，他身怀绝技，对母亲极为孝顺，后得道成仙。在成仙之前，他嘱咐母亲，明年将有瘟疫流行，

到时可用井中的泉水泡橘叶作为救治方法。第二年果然发生了大规模
瘟疫，他的母亲便遵照嘱咐，将橘叶泡水救治乡邻，无数人因此获救，
一时间被传为佳话，于是当地人就用"橘井泉香"来称颂治病救人、
造福百姓的医生。至今湖南郴州市东北郊苏仙岭上的苏仙观、飞升石、
鹿洞，以及市内第一中学内的橘井，都是纪念苏耽的遗迹。

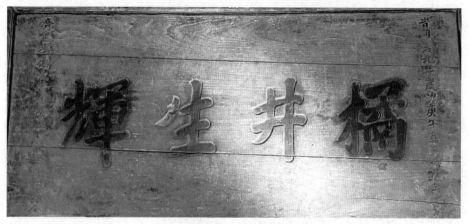

清代牌匾"橘井生辉"

　　过去的医家还常常以"橘井"一词或并用橘、杏来为医书取名，
还有诸如"杏林橘井""橘井生辉""杏林春暖""悬壶济世"等脍
炙人口的成语。杏林、杏坛虽一字之差，但意思却差别很大。杏林、
杏坛虽然都与杏子有关，但二者之间几乎没有任何关系。"杏坛"的
典故最早出自于庄子的一则寓言，说的是孔子到处收学生讲课，每到
一处就在杏林里讲学，休息的时候，就坐在杏坛之上。后来人们就根
据庄子的这则寓言，把"杏坛"称作孔子讲学的地方，"杏坛"也因
此成为教育界的代名词。

生动有趣
图文并茂
引经据典
融会贯通

中医药科普
中医药历史
中医药典故
中医药文化

上架建议：中国传统文化 科普

ISBN 978-7-5656-7166-1

9 787565 671661 >

定价：23.80元

封面设计：韦艾玲